二十四节气里的诗

天马座幻想◎编著　蓝山◎绘

電子工業出版社
Publishing House of Electronics Industry
北京·BEIJING

图书在版编目（CIP）数据

二十四节气里的诗. 冬 / 天马座幻想编著；蓝山绘. — 北京：电子工业出版社, 2018.5

ISBN 978-7-121-33626-3

Ⅰ. ①二… Ⅱ. ①天… ②蓝… Ⅲ. ①二十四节气—通俗读物 Ⅳ. ①P462-49

中国版本图书馆CIP数据核字（2018）第053712号

策划编辑：周　林

责任编辑：裴　杰

印　　刷：北京文昌阁彩色印刷有限责任公司

装　　订：北京文昌阁彩色印刷有限责任公司

出版发行：电子工业出版社

北京市海淀区万寿路173信箱　邮编：100036

开　　本：880×1230　1/16　印张：13.75　字数：198 千字　彩插：1

版　　次：2018年5月第1版

印　　次：2018年5月第1次印刷

定　　价：138.00元（共4册）

凡所购买电子工业出版社图书有缺损问题，请向购买书店调换。若书店售缺，请与本社发行部联系，联系及邮购电话：（010）88254888，88258888。

质量投诉请发邮件至zlts@phei.com.cn，盗版侵权举报请发邮件至dbqq@phei.com.cn。

本书咨询联系方式：zhoulin@phei.com.cn，QQ 25305573。

冬卷

立冬（11 月 6—8 日）

小雪（11 月 21—23 日）

大雪（12 月 6—8 日）

目录 | CONTENTS

冬卷

冬至（12 月 21—23 日）

小寒（1 月 5—7 日）

大寒（1 月 19—21 日）

立冬

谁看书来立冬信，
水始成冰寒日进；
地始冻兮折裂开，
雉入大水潜为蜃。

农历二十四节气的第十九个节气，交节时间在公历 11 月 6—8 日。立冬为十月节，是冬季首月的孟冬时节。冬季自此开始，“冬”是终结的意思，也有农作物收割后要收藏起来的含意。立冬开始，万物收藏，水已经结冰，而土地也开始冻结。立冬过后，日照时间将继续缩短，正午太阳的高度继续降低。古人在立冬日要“迎冬”，在北方，这天有吃立冬饺子的习俗。

立冬关键词

始冰冻

动物冬藏

江南冬晚

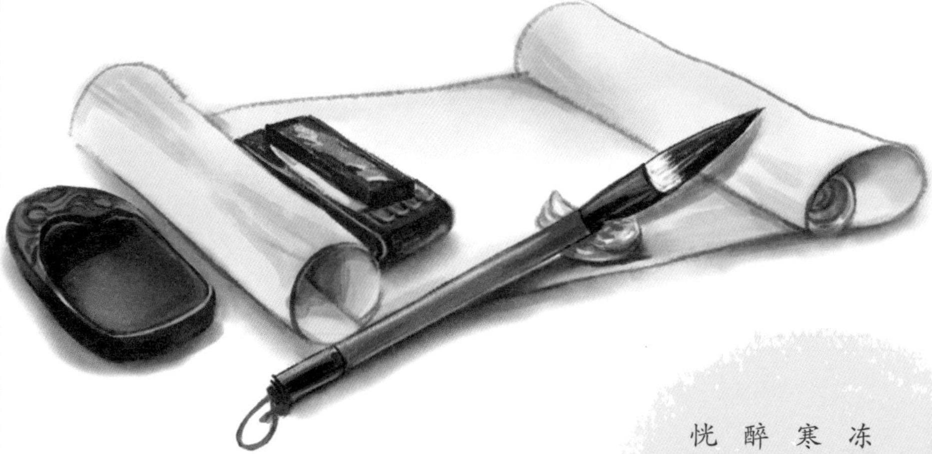

始冰冻

立冬

唐·李白

冻笔新诗懒写，
寒炉美酒时温。
醉看墨花月白，
恍疑雪满前村。

从立冬开始，水已经开始结冰了，人们也开始感受到冬天的寒冷了。唐代大诗人李白在立冬之夜也感受到了这样的寒意，他在诗中写道，笔墨都已经冻凉了，懒得再写新诗了，只好与炉火和美酒相伴，微醉中竟将一地月光当成了落雪。

立冬三候

- 水始冰：立冬之日『水始冰』。立冬后温度降低，水已经开始能够结冰了。古人总结，孟冬始冰、仲冬冰壮、季冬冰盛。
- 地始冻：后五日『地始冻』。冰壮为冻，冻的意思是说凝结的更结实了，在此时节，地也因为寒冷变得坚硬如冰。
- 雉入大水为蜃：再五日『雉（zhì）入大水为蜃（shèn）』。『雉』是野鸡一类的大鸟，『蜃』就是蛤蜊，此时天气寒冷，连田间林间常见的野鸡也不见踪影了，古人认为它们入水变成了蛤蜊。像秋天寒露时节的『雀入大水为蛤』一样，表达因为寒冷，鸟类们纷纷藏起来了。古人认为『海市蜃楼』就是蛤蜊吐气而成的幻象。

动物冬藏

冬十月

汉·曹操

孟冬十月，北风徘徊，
天气肃清，繁霜霏霏。
鹍鸡晨鸣，鸿雁南飞，
鸷鸟潜藏，熊罴窟栖。
钱镈停置，农收积场。
逆旅整设，以通贾商。
幸甚至哉！歌以咏志。

进入冬季之后，一些动物会把收获的食物贮藏起来，作为漫长冬季的食物。像我们常见的蚂蚁、仓鼠、蜜蜂、松鼠等，都是冬藏的动物。东汉末年，初冬季节曹操看到动物活动的情景，感慨时局的动荡，期盼国泰民安，写下了一首《冬十月》，诗中开篇就描述了初冬十月的景象，寒冷的北风吹着，气氛肃杀，寒霜密实。鹍鸡鸟在清晨不停地鸣叫着，天空中大雁向南方飞去，猛禽也藏了起来，连熊都入洞冬眠了。

早冬

唐·白居易

十月江南天气好，
可怜冬景似春华。
霜轻未杀萋萋草，
日暖初干漠漠沙。
老柘叶黄如嫩树，
寒樱枝白是狂花。
此时却羡闲人醉，
五马无由入酒家。

江南冬晚

由于地理位置的原因，十月立冬时节的江南，气温比北方要温暖许多，更像是北方的秋季，天气微暖，不见寒霜。此时农田的庄稼已经收割完成，农人便用多余的粮食酿酒，享受休闲时光。唐代诗人白居易在《早冬》一诗，写了初冬之际江南的风景：江南的十月天气很好，初冬的风景像春天一样可爱；小草未被微霜冻死，太阳晒干了大地；虽然老柘树的叶子已经发黄，但看上去仍像初生的一样；寒樱也遵守时令，枝头开出枝枝白花。

节气赏味：“立冬补冬，补嘴空”

在我国南方，立冬时节人们爱吃些鸡鸭鱼肉，在我国台湾地区，立冬这一天，街头的“羊肉炉”、“姜母鸭”等小吃便格外火爆。在我国北方，特别是北京、天津的人们爱吃饺子。为什么立冬吃饺子？因为饺子是来源于“交子之时”的说法。大年三十是旧年和新年之交，立冬是秋冬季节之交，故“交”子之时的饺子不能不吃。现在的人们已经逐渐恢复了这一古老习俗，立冬之日，各式各样的饺子卖得很火。

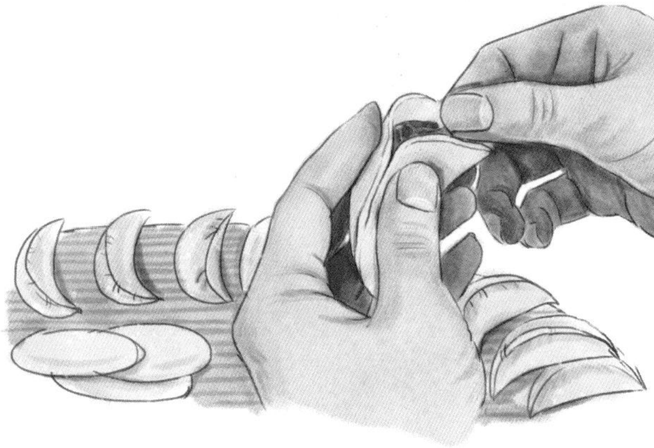

福
福
萌萌虎，包水饺，中间突起，两边翘
有的饺子像小船，有的饺子像元宝。

水饺

清·何耳

略同汤饼赛新年，
荠菜中含著齿鲜。
最是上春三五日，
盘餐到处定居先。

节气手工：练习包饺子

饺子又称水饺、扁食，是中国传统的面食之一。相传是东汉南阳医圣张仲景发明的，距今已有一千八百多年的历史了。饺子深受中国广大人民的喜爱，立冬要吃饺子，冬至要吃饺子，春节更要吃饺子！仿佛整个冬天都要与饺子相伴，所以小朋友们从立冬开始，好好练习包饺子吧！

小雪

农历二十四节气的第二十个节气，交节时间在公历 11 月 21—23 日。小雪为十月中，孟冬时节。古人认为，雨遇寒气变为雪。进入小雪节气，受冷空气影响，我国北方大部分地区的气温逐渐降到零摄氏度以下，常会出现第一场降雪，但雪量不大，落地容易融化，便称为小雪。南方地区从小雪节气开始，也陆续进入了冬天。

逡巡小雪年华暮，
虹藏不见知何处；
天升地降两不交，
闭寒成冬如禁锢。

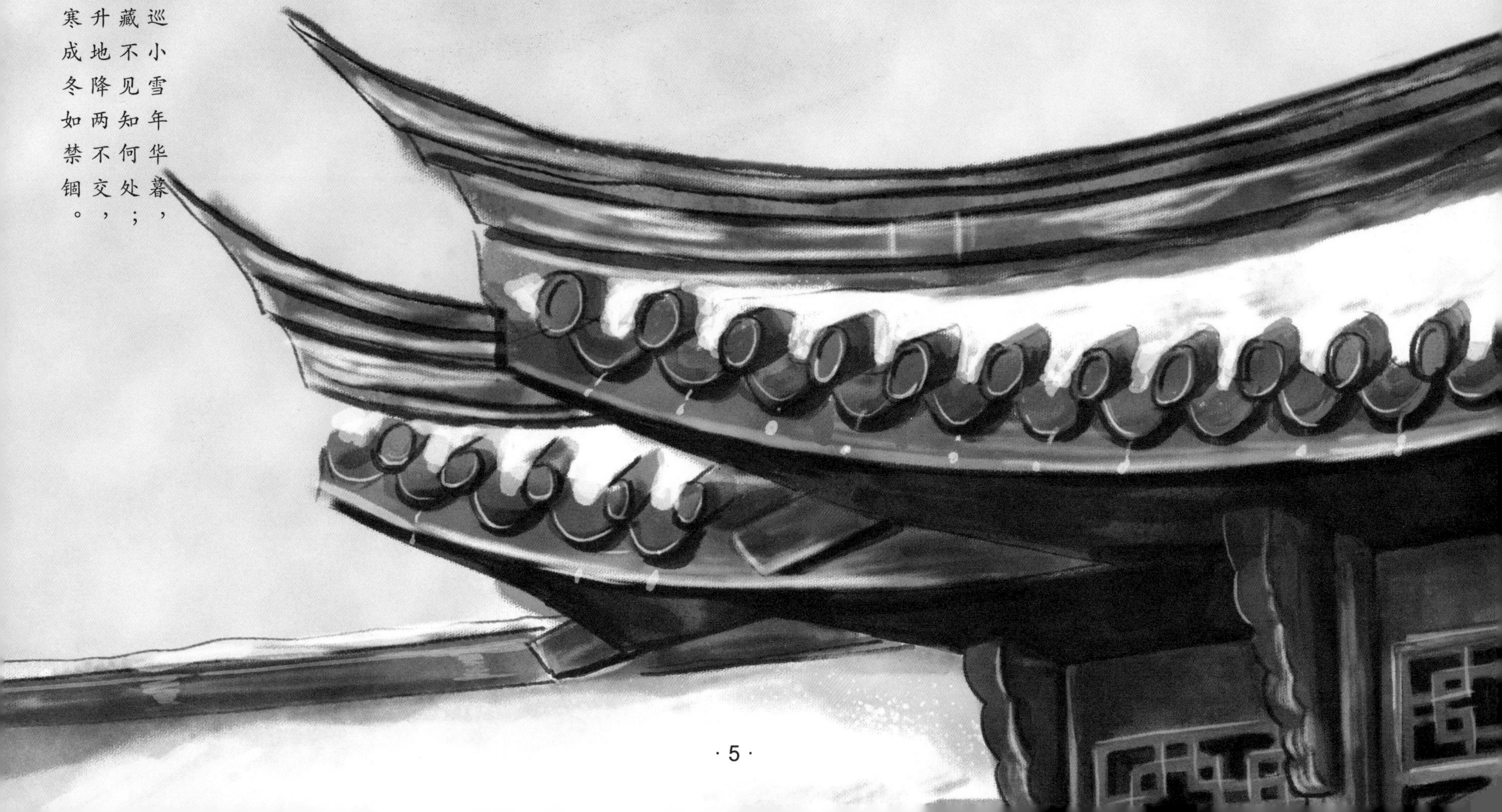

小雪关键词

初雪

下元节

雪

宋·陈师道

初雪已覆地，
晚风仍积威。
木鸣端自语，
乌起不成飞。
寒巷闻惊犬，
邻家有夜归。
不无惭败絮，
未易泣牛衣。

初雪

初雪是指入冬后的第一场雪，时间多在小雪节气之后。由于中国地域辽阔、地理位置的差异，不同地方的初雪时间是不同的。被称为“苏门六君子”的宋代诗人陈师道，在《雪》一诗里，写了初雪之夜的情景，初雪过后，寒冷的晚风仍在不停地吹着。身在异乡的他，在这样的夜晚，涌起了无限的思乡之情。

小雪三候

● 虹藏不见：小雪之日『虹藏不见』。古人认为阴阳相交才能有虹，进入小雪节气，天气寒冷，雨水都变成阴雪了，虹当然就看不见了。

● 天气上升地气下降：小雪后五日『天气上升地气下降』。古人认为天气上升空中了，地气钻入地底了，从此时开始，因为阴阳不交往了，所以万物便失去了生机。

● 闭塞而成冬：再五日『闭塞而成冬』。冬是终和藏的意思，此时天地之气都不交往了，所有的通道都已关闭，冬天就真正到来了。

下元节

下元日五更诣天庆观宝林寺

宋·陆游

朝罢琳宫谒宝坊，
强扶衰疾具簪裳。
拥裘假寐篮舆稳，
夹道吹烟桦炬香。
楼外晓星犹磊落，
山头初日已苍凉。
鸣驺应有高人笑，
五斗驱君早夜忙。

农历十月十五是下元节，与元宵节、中元节一样，是中国传统节日之一，是祭祀先人的节日。下元节的来历与道教有关，这一天道观要做道场，祈求下元水官排忧解难。下元节以前也是要张灯庆祝的，为的是通过祈福来温暖整个冬季。宋代诗人陆游写过一首《下元日五更诣天庆观宝林寺》的诗，诗人以浓彩淡抹的手法，描述了下元节时，宝林寺里梵音法雨、听禅问经、求斋拜佛的热闹场面。

节气赏味：十月吃糍粑

在我国南方某些地方，还有农历十月吃糍粑的习俗。古时，糍粑是南方地区的传统节日祭品，最早是农民用来祭牛神的供品。民间有俗语“十月朝，糍粑禄禄烧”，说的是每年农历十月初一，家家户户都在制作糍粑。

小雪时节腌的腊肉，过春节的时候正好拿出来吃呢
太棒了，萌萌虎最爱吃肉了！
腊

腊肉

宋·王迈

霜蹄削玉慰馋涎，
却退腥劳不敢前。
水饮一盂成软饱，
邻翁当午息庖烟。

小雪腌腊肉

我国民间有“冬腊风腌，蓄以御冬”的习俗。小雪后气温急剧下降，天气变得干燥，一些农家开始动手做香肠、腊肉，腊肉是指将鲜肉经腌制后再经过烘烤所制成的肉食，腊肉防腐能力强，保存时间长，古时可以储存一个冬天，等到春节时正好享受美食。据说小雪节气这天腌制的腊肉特别好吃。

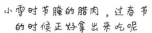

大雪

纷飞大雪转凄迷，
鹖旦不鸣马肯啼；
虎始交后风生壑，
荔挺出时霜满溪。

农历二十四节气中的第二十一个节气，交节时间在公历 12 月 6—8 日。大雪为十一月节，这个节气标志着仲冬时节的正式开始。“大雪”的意思是天气更冷，相对“小雪”时节而言，降雪的可能性更大了，因为气温越来越低，降雪时地面开始有了积雪。在古时，北方边塞通常在大雪节气里已经大雪纷飞了。

大雪关键词

大雪纷飞

铁马冰河

兰草抽芽

逢雪宿芙蓉山主人

唐·刘长卿

日暮苍山远，
天寒白屋贫。
柴门闻犬吠，
风雪夜归人。

大雪纷飞

别董大（其一）

唐·高适

千里黄云白日曛，
北风吹雁雪纷纷。
莫愁前路无知己，
天下谁人不识君。

大雪节气时，常会出现寒风呼啸、飞雪漫天的景象，田野、山川、树木都被覆盖上了一层厚厚的白雪。唐代诗人高适在送别他的朋友音乐家董庭兰时，正是在一个大雪的天气里，诗人写下了《别董大》一诗：北风呼啸，灰蒙蒙的天空布满了无尽的黄云，太阳被笼罩得昏昏沉沉，大雁在纷飞的雪花中向南飞去。诗人劝慰朋友，此去你不要担心遇不到知己，天下哪个不知道你董庭兰的大名啊！

唐代的另一位诗人刘长卿，也留下了大雪纷飞时的千古名篇——《逢雪宿芙蓉山主人》，寥寥几笔便描画出了一幅旅客暮夜投宿、山家风雪人归的寒山夜宿图。

大雪三候

鹖旦不鸣：大雪之日『鹖旦（hé dàn）不鸣』。『鹖旦』是鼯（wú）鼠又叫寒号鸟，是一种哺乳动物，它在前后肢之间有皮膜，可以做短距离的滑翔，所以古人认为它是鸟。大雪节气到来后，鼯鼠因为寒冷，也不在叫了。

虎始交：大雪后五日『虎始交』。古人认为在阴气最盛的时候，阳气便开始萌动了，虽然天寒地冻，但是动物却总能感受到细微的变化，老虎在此时感受到了潜伏的阳气，开始有求偶行为了。

荔挺出：再五日『荔挺出』。有种说法认为荔挺是兰草的一种，此时也感受到微微阳气而发芽。

铁马冰河

十一月四日风雨大作

宋·陆游

僵卧孤村不自哀，
尚思为国戍轮台。
夜阑卧听风吹雨，
铁马冰河入梦来。

塞下曲

唐·卢纶

月黑雁飞高，
单于夜遁逃。
欲将轻骑逐，
大雪满弓刀。

描写北国风光的塞外诗，是我国古代诗词的重要分类，通常描写边疆地区军民生活和自然风光。塞外指长城以北的地区，也称塞北，包括内蒙古、甘肃、宁夏、河北北部等地区，气候干燥寒冷，古时连年战事不断。大雪时节的塞外早已是寒冷刺骨，风雪凛冽，而古时的战士却依然坚守在边疆，不知何时才能回来。唐代的塞外诗人卢纶在《塞下曲》里描写了将军顾不得大雪早已落满了弓和刀，率兵一路追敌的画面。而退居家乡的爱国诗人陆游，在《十一月四日风雨大作》里，梦想回到北方疆场，骑着铁甲战马跨过冰封的河流继续战斗。

兰草抽芽

冬兰

清·曹寅

冬草漫寒碧，幽兰亦作花。
清如辟谷士，瘦似琢诗家。
丛秀几钗股，顶分双髻丫。
夕窗香思发，风影欲篝纱。

古人认为，进入大雪的节气里，荔挺这种兰草，能够率先感受到阳气的萌动，开始抽出新芽。清代诗人曹寅曾写过一首《冬兰》的诗，描写了冬日严寒的节气里，兰花分叉生芽、清雅脱俗的形态。

节气手工：制作雪花剪纸

1 准备若干张A4的白纸。

2 将A4 纸 按下图折出三角形，将其用剪刀裁出正方形。

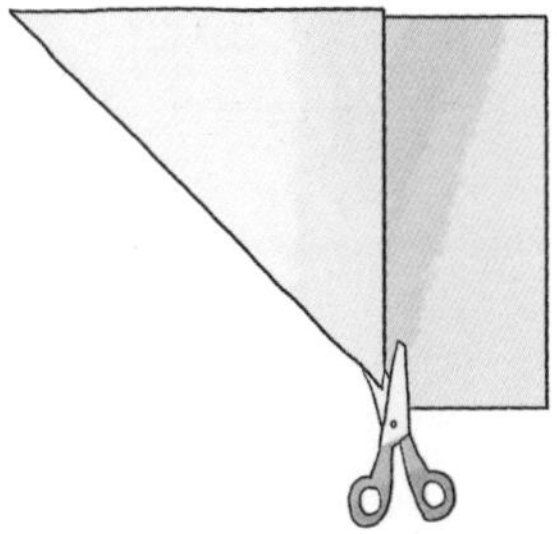

3 将正方形对角折叠，折出下图的痕迹，再打开。

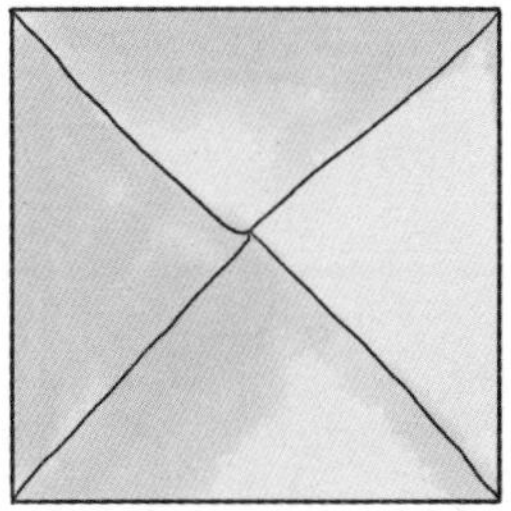

4 将正方形折成三角形。

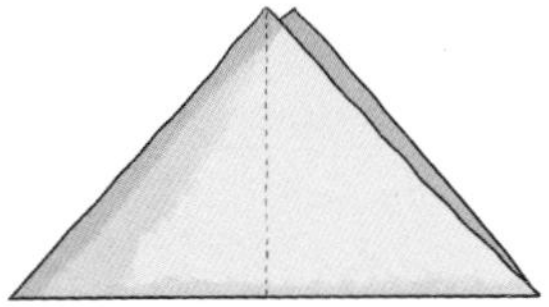

5 如图，将右边的角往斜上方折起。

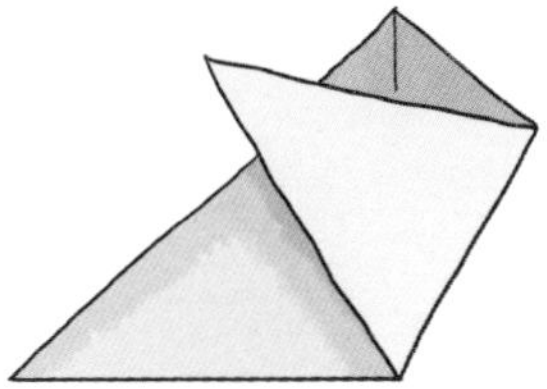

6 将左边的角也往斜上方折起 注意两边大小和角度一致。

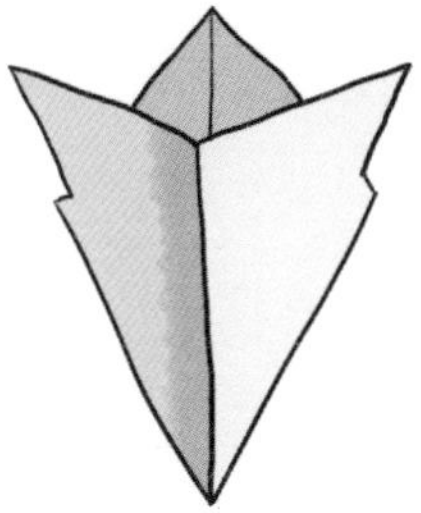

7 现在沿中线对折，完成折叠步骤。

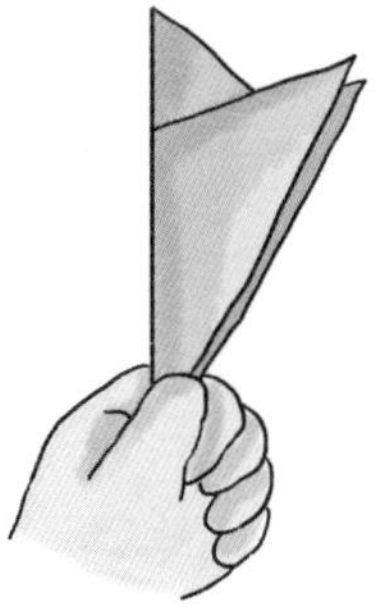

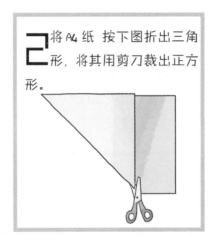

节气手工：制作雪花剪纸

5 用笔画出如下图所示的各种图形，用剪刀沿着图形剪好。好啦！现在把折纸打开看看吧！各种美丽的雪花出现了！（小朋友们还可以自己创作新的图形 制作自己的专属雪花！）

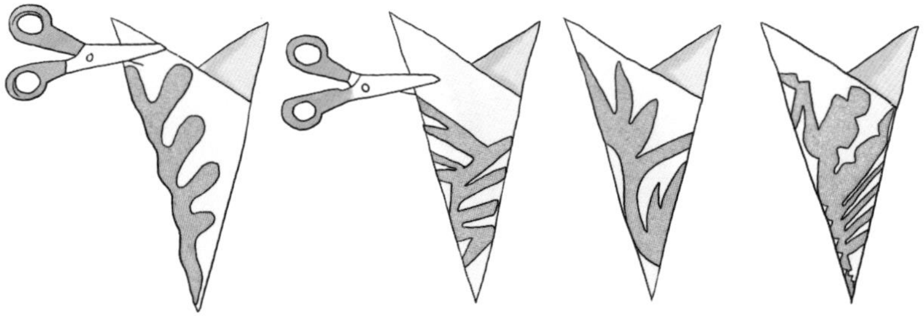

快把剪好的雪花打开，看看跟我和妮妮做的一样不一样！

冬至

短日渐长冬至矣，
蚯蚓结泉更不起；
渐渐林间麋角解，
水泉摇动温井底。

农历二十四节气中的第二十二个节气，交节时间在公历 12 月 21—23 日，冬至是十一月中，仲冬时节。“至”是极致的意思，冬藏之气到此时已经到了极致。冬至是二十四节气中最早确定的节气，是我国的传统节日之一，重要性仅次于“除夕”，也称为“亚岁”。冬至有开始数九、画九九消寒图的习俗，当数完九九，冬天就过完了，一岁终而一岁始，春天又要到来了。

冬至关键词

冬至夜长

水泉动

贺冬

冬至夜长

邯郸冬至夜思家

唐·白居易

邯郸驿里逢冬至，
抱膝灯前影伴身。
想得家中夜深坐，
还应说著远行人。

冬至是北半球全年中白天最短、黑夜最长的一天，过了冬至，白天就会一天天变长。民间有“吃了冬至饭，一天长一线”的说法。唐代诗人白居易，在某年的冬至，夜宿在邯郸客栈里，在这样寒冷的天气里，他抱膝坐在床上，看到自己的影子，想起家乡和亲人来。他想此时远方的亲人也应该聚在一起，正在谈论他这个远行的人吧。

冬至三候

蚯蚓结：冬至之日『蚯蚓结』。古人认为，蚯蚓感到阳气能伸展，感到阴气会蜷缩，冬至时是最为寒冷的时候，是阴气最重的时候，所以蚯蚓蜷缩着身体，像绳子打的结一样。

麋角解：冬至后五日『麋角解（hài）』。麋鹿又叫四不像，古人认为它是一种阴性的动物，比鹿体型大，角向后长。冬至一过，白天渐渐变长，夜晚变短，麋鹿感受到阳气的变化，头上的角便自然脱落了。和夏至时的『鹿角解』相对应。

水泉动：再五日『水泉动』。水感受到阳气而萌动，在冻结的冰层下面，水开始暗暗流动了。

水泉动

冬至日独游吉祥寺

宋·苏轼

井底微阳回未回，
萧萧寒雨湿枯荄。
何人更似苏夫子，
不是花时肯独来。

冬至的“至”是极致的意思，是说冬藏之气到此时已经到了极致。中国古人认为物极必反，阴气到达极点，阳气就会生发出来，因此冬至这天，虽然看起来仍然天寒地冻，但是一丝温暖已经在地底深处萌动了，就在冻结的冰层的最下面，水开始暗暗流动起来了。苏轼在《冬至日独游吉祥寺》中第一句就提到了这种现象，井底深处已经生发出似有似无的微微阳气了。

贺冬

至节即事

唐·马臻

天街晓色瑞烟浓，
名纸相传尽贺冬。
绣幕家家浑不卷，
呼卢笑语自从容。

贺冬也称“拜冬”，是人们庆祝冬至到来的节日。人们穿着崭新的服装进行拜贺尊长、逛庙会等一系列的活动。唐代诗人马臻写过一首《至节即事》的诗，描写了当时过冬至节的热闹景象：到了冬至这天，京城中的天色还刚刚蒙蒙亮，浓浓的烟雾带着喜气就已经弥漫开来了；人们互相传递着竹木的名片道贺节日，天街上无比热闹；大户人家的帘幕完全敞开了，家家都在做着节日里的各种事情；人人都趁着冬至节日从容地嬉闹玩乐着。

节气赏味：吃饺子

冬至时一定要吃羊肉饺子，名医张仲景创造的冬至饺子就是羊肉馅的，所以只有羊肉馅的饺子才是冬至正宗的饺子。羊肉温补，在寒冷的冬至日吃饺子，可以起到驱寒保养身体的作用。

今天冬至，一会儿
咱们回家，就挂上
九九消寒图！
据说画完九九消寒图，
春天就会到来呢！

九九歌

一九二九不出手；

三九四九冰上走；

五九、六九沿河看柳；

七九河开；

八九雁来；

九九加一九，

耕牛遍地走。

节气游戏

挂一副九九消寒图（三种样式都画）。冬至一到，便进入数九寒天。古时有些文人、士大夫，择一个“九”日，相约九人饮酒，席上用九碟九碗，以取九九消寒之意。冬至民间有贴绘“九九消寒图”的习俗，消寒图是记载入九之后天气的日历，人们寄望于它，来预卜来年丰歉。

雅图：画素梅一枝，梅花瓣共计八十一，每天染一瓣，都染完以后，则九九尽，春天临。雅图是最为常见的九九消寒图的样式。

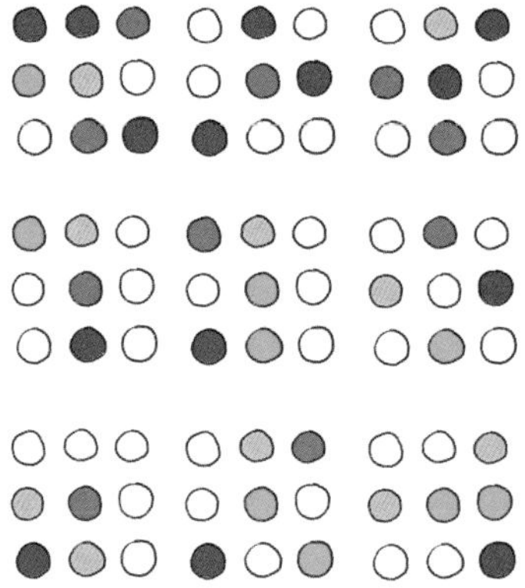

画铜钱：画纵横九栏格子，每格中间再画一个圆，共有八十一钱，每天涂一钱，涂法有歌谣流传——“上阴下晴雪当中，左风右雨要分清，九九八十一全点尽，春回大地草青青。”

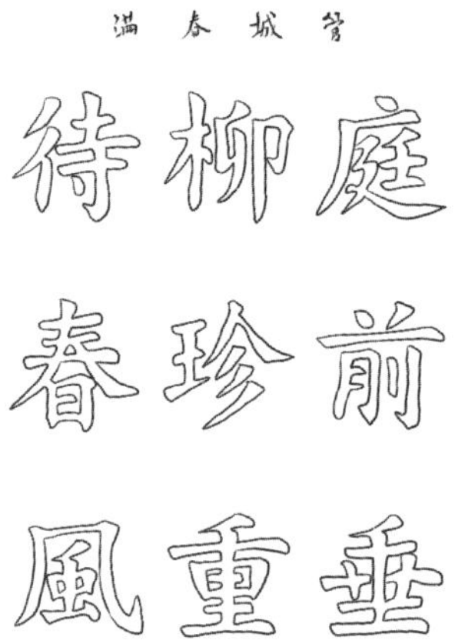

画九字：选择九个9画的字联成一句，放在格中，一日涂一笔。一般选用的9画字联句有“庭（亭）前垂柳珍重待春风”。画九字在清朝宫廷里十分流行，后来传入民间。

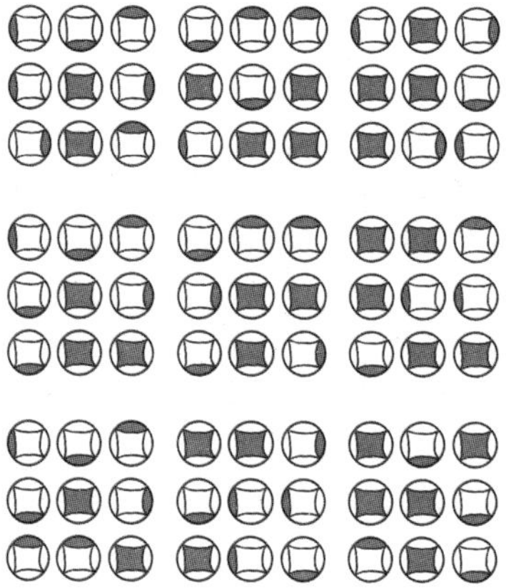

涂五色：此种方式是画铜钱的变体，用蓝、红、黄、白、绿分别代表阴、晴、风、雪、雨。

小寒

去岁小寒今岁又，
雁声北乡春去旧；
鹊寻枝上始为巢，
雉入寒烟时一雊。

农历二十四节气里的第二十三个节气，交节时间在公历 1 月 5—7 日。小寒是十二月节，季冬时节。小寒标志着中国大地开始进入一年中最寒冷的日子了。俗话说，“冷在三九”，“三九天”多在公历 1 月 9 日至 17 日，正是在小寒节气内。根据我国气象资料的记载，只有少数年份的大寒时节比小寒时节冷，最冷的寒冬腊月正式开始了。

小寒关键词

喜鹊筑巢

赏梅

三九寒冬

三九寒冬

江雪

唐·柳宗元

千山鸟飞绝，
万径人踪灭。
孤舟蓑笠翁，
独钓寒江雪。

小寒节气里，土壤深层的热量也被消耗殆尽，此时通常会出现全年的最低温度。“三九寒冬”也基本上处于小寒节气内，因此民间有“小寒胜大寒”之说。古时人们在小寒节气里基本不进行户外活动，动物也难觅踪迹。唐代诗人柳宗元的《江雪》一诗，就描绘出这样一幅江乡雪景图：山山是雪，路路皆白；飞鸟全都断绝，不见人影踪迹；唯有江上孤舟里的一位渔翁，披蓑戴笠，在独自垂钓。

小寒三候

- 雁北乡：小寒之日『雁北乡』。大雁感受到北方大地的春意萌动，准备向故乡迁徙了。
- 鹊始巢：小寒后五日『鹊始巢』。喜鹊筑巢常常要花很长时间，为了来年孵化产卵做准备，喜鹊从此时开始筑巢了。
- 雉始雊：再五日『雉始雊（gòu）』。雉是野鸡，『雊』是野鸡的叫声。古人认为雉是属阳性的鸟，在四九时，它们会感受到阳气的萌动，开始发出迎春的鸣叫。

赏梅

中国古代文人对梅花情有独钟，视赏梅为一件雅事。数九寒天，百花凋零，腊梅花苞发出阵阵幽香。小寒时节，正是腊梅盛开之时，腊梅，实为“蜡梅”，因为腊梅大多会在腊月开，人们就误用成“腊”。而腊梅和梅花其实并不是一种花，但它们都在寒风中开放。由古至今，文人骚客喜爱它们迎着寒风开放的品格，留下不少描写梅花与腊梅的诗句。宋代诗人王安石曾写过一首名为《梅花》的咏梅诗，留下了“遥知不是雪，为有暗香来”的名句；元代画家王冕在《墨梅》的诗中，也留下了“不要人夸好颜色，只留清气满乾坤”的名句。

梅花

宋·王安石

墙角数枝梅，
凌寒独自开。
遥知不是雪，
为有暗香来。

墨梅

元·王冕

吾家洗砚池头树，
朵朵花开淡墨痕。
不要人夸好颜色，
只留清气满乾坤。

喜鹊筑巢

喜鹊喜欢在人类活动多的地方居住，冬春之际，它们习惯于在高处稀疏的地方筑巢，如大树、烟筒、高压线塔等处，为了来年孵化幼鸟，它们在寒冬腊月开始筑巢，巢呈球状，结构坚实且复杂，由雌雄喜鹊共同筑造，以枯枝编成，内壁填以厚层泥土，内衬草叶、棉絮、羽毛等，搭建温暖的家，要花上好几个月的时间。唐代诗人元稹在《小寒》一诗中反映了鸟类的节气变化：进入小寒的节气里，由于阳气的萌动，大雁开始北迁了，喜鹊开始筑巢了，野鸡也开始鸣叫了。最后诗人感叹道：现在虽然是严冬，但离春天已经不远了。

小寒

唐·元稹

小寒连大吕，欢鹊垒新巢。
拾食寻河曲，衔紫绕树梢。
霜鹰近北首，雊雉隐丛茅。
莫怪严凝切，春冬正月交。

节气活动：腊八节和家人一起做腊八粥

农历十二月初八，就是腊八节，古人在这天有祭祀祖先和神灵、祈求丰收吉祥的传统。相传这一天还是佛祖释迦牟尼成道之日，称为“法宝节”，所以也是佛教盛大的节日之一。

腊八节在中国民间流传着吃“腊八粥”的风俗。人们在腊月初七半夜时分开始煮，再用微火炖，一直炖到第二天的清晨，腊八粥才算熬好。

《燕京岁时记》中记载“腊八粥者，用黄米、白米、江米、小米、菱角米、栗子、红豇豆、去皮枣泥等，合水煮熟，外用染红桃仁、杏仁、瓜子、花生、榛穰、松子及白糖、红糖、琐琐葡萄，以作点染。”

哇！超级好吃！你快来尝尝！
小朋友们快按照我们的清单，把材料买齐，制作好吃的腊八粥吧！

- ◎ 大米 75 克
- ◎ 糯米 75 克
- ◎ 花生 100 克
- ◎ 薏米 50 克
- ◎ 黑米 50 克
- ◎ 黑豆 50 克
- ◎ 红豆 50 克
- ◎ 核桃仁 30 克
- ◎ 莲子 30 克
- ◎ 葡萄干 10 克
- ◎ 枸杞 5 克
- ◎ 大枣 3 个

将花生、核桃仁、莲子、大枣、红豆提前泡 8 个小时左右

十二月八日步至西村

宋·陆游

腊月风和意已春，
时因散策过吾邻。
草烟漠漠柴门里，
牛迹重重野水滨。
多病所须惟药物，
差科未动是闲人。
今朝佛粥交相馈，
更觉江村节物新。

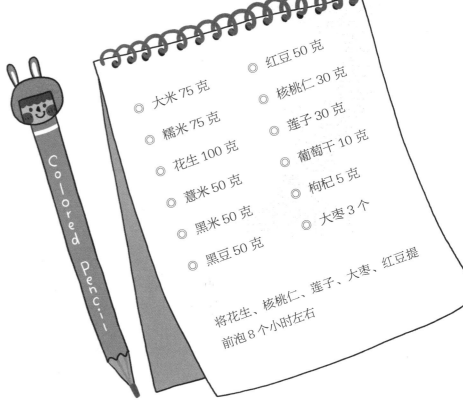

大寒

农历二十四节气中最后一个节气，交节时间在公历 1 月 19—21 日，大寒为十二月中，季冬。大寒时节寒风凛冽，地上的落雪久积不化，呈现出冰天雪地或天寒地冻的严寒景象，天气寒冷到极点，但从冬至“一阳生”开始，天地间阳气逐渐生长，所有的严寒已近尾声。此外，大寒节气中充满了喜悦与欢乐的气氛，因为有很多重要的民俗和节庆都在此时，新的一年又要到来了。

一年时尽大寒来，
鸡始乳兮如乳孩；
征鸟当权飞厉疾，
泽腹弥坚冻不开。

大寒关键词

祭灶

除夕守岁

庆丰年

祭灶

纵笔三首（之一）

宋·苏轼

北船不到米如珠，
醉饱萧条半月无。
明日东家当祭灶，
只鸡斗酒定膰吾。

“祭灶”又称送灶，灶神是民间最有“群众基础”的神明，这项传统习俗在民间流传很广。时间在农历的腊月二十三，一般在这天的黄昏举行，以麻糖、糖瓜、饺子等饮食做祭品，祈求灶君保佑全家的平安。公元1099年，64岁的宋代诗人苏轼被贬到儋州（今广东儋县），当地的生活十分贫苦。这年的腊月二十二，由于北方运粮的船没有来到，当地的米价已经十分昂贵了，诗人在《纵笔三首》中写道对第二天祭灶日的期盼：好久没有吃过酒肉了，明天的祭灶日东家一定会宰鸡、烤肉、备酒，这样我就可以饱吃饱喝一顿了。

大寒三候

- 鸡乳：大寒之日『鸡乳』。鸡感受到春天的气息，开始孵化小鸡了。
- 征鸟厉疾：大寒后五日『征鸟厉疾』。征鸟是指鹰隼之类的远飞之鸟，厉疾是非常迅猛的意思，此时正处在它们捕食能力极强的时期，到处寻找猎物，补充身体能量、抵御严寒。
- 水泽腹坚：再五日『水泽腹坚』。在二十四节气的最后五天里，水里的冰一直冻到水的中间，最结实最厚。但是物极必反，坚冰深处春水生，冻到极点，冰就将要消融了。

除夕守岁

农历除夕夜一家人团聚在一起，一夜不睡，欢聚酣饮，共享天伦之乐，迎接农历新年的到来，称为守岁。民间除夕守岁有两种含义：年长者守岁是为了“辞旧岁”，有珍爱光阴的意思；年轻人守岁，是为延长长辈寿命。宋代诗人苏轼写过一首《守岁》诗，诗意明了易懂，勉励自己要珍惜时间。诗人用蛇蜕皮来比喻时间的不可留，告诫人们做事要抓紧时间，免得时间过半，虽然勤奋但也难以把事情做完。

守岁

宋·苏轼

欲知垂尽岁，有似赴壑蛇。
修鳞半已没，去意谁能遮。
况欲系其尾，虽勤知奈何。
儿童强不睡，相守夜欢哗。
晨鸡且勿唱，更鼓畏添挝。
坐久灯烬落，起看北斗斜。
明年岂无年，心事恐蹉跎。
努力尽今夕，少年犹可夸。

庆丰年

每年春节期间，民间都会举办各种活动来庆祝一年的丰收，称为庆丰年。有的地方宰猪杀鹅摆在一起集中设祭，通过这种摆社的仪式庆祝；有的地方通过民间歌舞演出来庆祝；有的地方通过舞龙和秧歌来庆祝；北方的一些寒冷地区则通过冬捕来庆丰年。宋代诗人陆游的著名诗作《游山西村》里，表现了农家庆丰年的美好景象：村里吹箫打鼓热闹起来了，他们宰猪杀鸡，把腊月里酿好的酒搬出来，热热闹闹地摆酒宴款大家，准备迎接下一年的立春。

游山西村

宋·陆游

莫笑农家腊酒浑，
丰年留客足鸡豚。
山重水复疑无路，
柳暗花明又一村。
箫鼓追随春社近，
衣冠简朴古风存。
从今若许闲乘月，
拄杖无时夜叩门。

节气手工：写春联

春联，又叫“春贴”、“门对”、“对联”，它以对仗工整、简洁精巧的文字描绘时代背景，抒发美好愿望，是中国特有的文学形式。对联的上下联字数不限，但必须相等。对联的两边都要互相对应。春联以前为桃符，是中国人过春节的重要标志。当人们在自己的家门口贴上春联和“福”字的时候，意味着春节正式拉开了序幕。

和父母一起写下春联，贴在自家门上吧！

春联内容：一帆风顺吉星到

万事如意福临门

上联：福旺财旺运气旺
下联：家兴人兴事业兴
横批：春风得意

户外活动：采购年货

和大人一起采购年货，快乐迎新春。

过年歌

小孩儿小孩儿你别馋，过了腊八就是年；
腊八粥，你喝几天，哩哩啦啦二十三；
二十三，糖瓜粘；
二十四，扫房日；
二十五，冻豆腐；
二十六，去买肉；
二十七，穿新衣；
二十八，把面发；
二十九，蒸馒头；
三十晚上熬一宿；
大年初一扭一扭。

二十四节气中英文对照时间表

春季 Spring	立春 Beginning of Spring 2 月 3 — 5 日	雨水 Rain Water 2 月 18 — 20 日	惊蛰 Insects Awakening 3 月 5 — 7 日
	春分 Spring Equinox 3 月 20 — 22 日	清明 Fresh Green 4 月 4 — 6 日	谷雨 Grain Rain 4 月 19 — 21 日
夏季 Summer	立夏 Beginning of Summer 5 月 5 — 7 日	小满 Lesser Fullness 5 月 20 — 22 日	芒种 Grain in Ear 6 月 5 — 7 日
	夏至 Summer Solstice 6 月 20 — 22 日	小暑 Lesser Heat 7 月 6 — 8 日	大暑 Greater Heat 7 月 22 — 24 日
秋季 Autumn	立秋 Beginning of Autumn 8 月 7 — 9 日	处暑 End of Heat 8 月 22 — 24 日	白露 White Dew 9 月 7 — 9 日
	秋分 Autumnal Equinox 9 月 22 — 24 日	寒露 Cold Dew 10 月 7 — 9 日	霜降 First Frost 10 月 22 — 24 日
冬季 Winter	立冬 Beginning of Winter 11 月 6 — 8 日	小雪 Light Snow 11 月 21 — 23 日	大雪 Heavy Snow 12 月 6 — 8 日
	冬至 Winter Solstice 12 月 21 — 23 日	小寒 Lesser Cold 1 月 5 — 7 日	大寒 Greater Cold 1 月 19 — 21 日

注：表中英文来源于联合国教科文组织非物质文化遗产名录。

立冬

大雪

小寒

小雪

冬至

大寒